U0262388

生存高手

屠强 等/编著

人民邮电出版社

北　京

图书在版编目（ＣＩＰ）数据

奇趣海洋馆：机智的生存高手 / 屠强等编著. --

北京：人民邮电出版社，2024.7

ISBN 978-7-115-63414-6

I. ①奇… II. ①屠… III. ①水生动物－海洋生物－

普及读物 IV. ①Q958.885.3-49

中国国家版本馆 CIP 数据核字(2024)第 004557 号

内 容 提 要

海洋世界精彩纷呈，吸引着人们进行探索。海洋中生活着不计其数的动物，这些动物或奇特或美丽。在长期的适应、演化过程中，它们以错综复杂的关系形成了一张庞大的生态网，这张网孕育出了海面之下各类生态环境中的无限生机。

本书通过大量画质细腻的高清照片，展示了动物在海洋中演化出的各种奇妙、有趣的生理结构，并以专业但不枯燥的文字描述了它们如何通过这些结构具备了繁衍、迁徙、抵御天敌等利于自身生存的高超本领，使读者能够直观地了解和我们共同生活在地球上的这些奇妙成员，适合对海洋动物感兴趣的青少年阅读。

- ◆ 编　著　屠　强　等

　　责任编辑　张天怡

　　责任印制　陈　犇

- ◆ 人民邮电出版社出版发行　　北京市丰台区成寿寺路 11 号

　　邮编　100164　电子邮件　315@ptpress.com.cn

　　网址　https://www.ptpress.com.cn

　　北京宝隆世纪印刷有限公司印刷

- ◆ 开本：787×1092　1/20

　　印张：4.8　　　　　　　　　　2024 年 7 月第 1 版

　　字数：100 千字　　　　　　　2024 年 7 月北京第 1 次印刷

定价：20.00 元

读者服务热线：(010)81055410　印装质量热线：(010)81055316
反盗版热线：(010)81055315
广告经营许可证：京东市监广登字 20170147 号

前言

　　一说起海洋，最吸引读者眼球的当然要数那些可爱的海洋动物，它们要么披着一身绚丽的外衣，要么长着天然呆萌的模样，要么自带神秘特质……几乎每种海洋动物的"个人简历"都是一篇生动有趣的故事。事实上，我们对海洋和海洋动物的了解还十分有限，还有无数未知领域等待我们去揭秘，在它们的故事里，可能还会增加更为丰富的内容。

　　"奇趣海洋馆"系列是"海洋生物大观园"丛书的修订版本。"海洋生物大观园"丛书一经问世便吸引了大量读者，同时还有幸获得了第三届"中国科普作家协会优秀科普作品奖"金奖和科技部"2014年全国优秀科普作品"的荣誉。现在我们将这套丛书重新编辑整理，力图以全新的面貌展现海洋动物的千奇百怪。你拿在手中的这本书着重展示的正是为了在海洋中求得生存而各个身怀绝技的海洋动物，它们丝毫不畏惧海洋里的艰难险阻，把险恶的环境变成了宜居的家园。

　　和陆地上的动物一样，海洋里的动物也都生活在各式各样的环境中。即使在人类眼里，很多环境条件并不适合生命活动，但仍然阻挡不了勇敢的海洋动物努力探索和适应的步伐，所以才形成了今天我们所见到的千姿百态的海洋动物世界。比如，在水温高达400摄氏度、水中富含有毒化学物质的海底热液附近，生活着种类繁多的蠕虫、海葵、螃蟹、鱼类；在没有一丝光线的深海中，也生活着许许多多样貌奇特、具有重要生态位的海洋动物，为了适应深海环境，它们演化出了很多特殊的身体器官或功能，给海洋增添了许多神秘色彩。这样的例子数不胜数。

海洋是无数生命的家园，英国海洋生物学家阿利斯特·哈迪还曾提出"人类起源于海洋"的猜想。同时，海洋的面积约占地球表面积的71%，并且决定着地球气候的干湿、冷暖，这更使得海洋对于地球上的生命具有不可替代的特殊意义。不过，随着人类不断开发利用各类自然资源，地球环境面临前所未有的压力，海洋也不例外。我们可以看到很多因人类活动而灭绝或者濒临灭绝的海洋动物，它们同很多陆地动物一样，曾经是地球上一抹绚丽的色彩，最终却难逃灭绝的悲惨命运。在人类贪婪攫取海洋资源的过程中，无节制的捕捞使无数海洋动物成为我们的盘中餐；无数海洋动物因为海洋污染而失去生命；大片大片珊瑚礁因海洋升温而白化死去；越来越多被称为海洋中的"$PM_{2.5}$"（细颗粒物）的微塑料污染物，通过动物呼吸或自身吸附在某些食物上的方式进入海洋动物体内，这不仅给海洋生态环境带来严重威胁，最终还有可能又变成食物被摆上人类的餐桌。

这是值得所有关心地球、关爱生命的人们都关注的。在我们从多姿多彩的海洋动物那里获得美的感受和身心的愉悦时，不要忘记一些举手之劳，如节约每一滴水，少吹10分钟空调，减少塑料袋的使用，等等。这些小小的举措可能就会带给海洋动物不一样的明天。

本书阅读指南

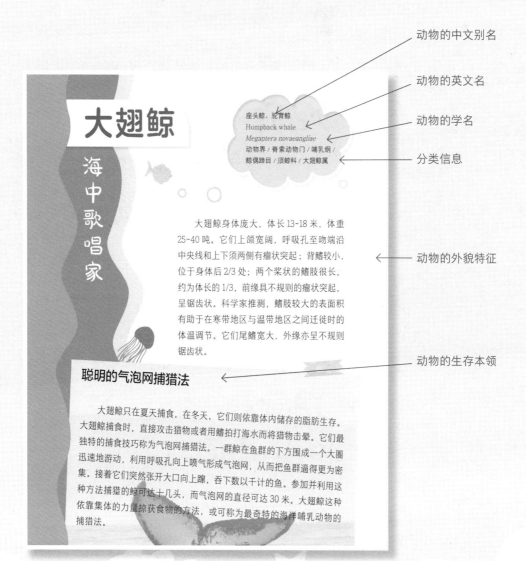

动物的中文别名

动物的英文名

动物的学名

分类信息

大翅鲸

海中歌唱家

座头鲸、驼背鲸
Humpback whale
Megaptera novaeangliae
动物界／脊索动物门／哺乳纲／
鲸偶蹄目／须鲸科／大翅鲸属

大翅鲸身体庞大，体长 13~18 米，体重 25~40 吨。它们上颌宽阔，呼吸孔至吻端沿中央线和上下颌两侧有瘤状突起；背鳍较小，位于身体后 2/3 处；两个桨状的鳍肢很长，约为体长的 1/3，前缘具不规则的瘤状突起，呈锯齿状。科学家推测，鳍肢较大的表面积有助于在寒带地区与温带地区之间迁徙时的体温调节。它们尾鳍宽大，外缘亦呈不规则锯齿状。

动物的外貌特征

聪明的气泡网捕猎法

动物的生存本领

大翅鲸只在夏天捕食，在冬天，它们则依靠体内储存的脂肪生存。大翅鲸捕食时，直接攻击猎物或者用鳍拍打海水而将猎物击晕。它们最独特的捕食技巧称为气泡网捕猎法。一群鲸在鱼群的下方围成一个大圈迅速地游动，利用呼吸孔向上喷气形成气泡网，从而把鱼群逼得更为密集。接着它们突然张开大口向上蹿，吞下数以千计的鱼。参加并利用这种方法捕猎的鲸可达十几头，而气泡网的直径可达 30 米。大翅鲸这种依靠集体的力量掠获食物的方法，或可称为最奇特的海洋哺乳动物的捕猎法。

目录

鮣

天生旅行家

印头鱼、吸盘鱼
Live sharksucker
Echeneis naucrates
动物界 / 脊索动物门 / 辐鳍
鱼纲 / 鲈形目 / 鮣科 / 鮣属

　　鮣是一种虽不太会游泳，却能在水中逍遥自在地生活的怪鱼。鮣鱼的脑袋宽而扁，"后脑壳"上长着一个椭圆形吸盘，吸盘旁边还有齿状褶皱，看上去很像一枚印章，所以叫鮣鱼。

　　鮣鱼身体细长，颜色较深，身长多为22~45厘米。它们头顶上的扁平椭圆形吸盘是由背鳍演化而来的，吸盘的中间有一条纵褶，纵褶把吸盘分成左右两个部分，每一部分都有22~25个排列整齐的软骨板。板状体上长有细小的刺，吸盘的周边有一圈薄而有弹性的皮膜，这些都有助于鮣鱼牢固地吸附在别的动物身上。

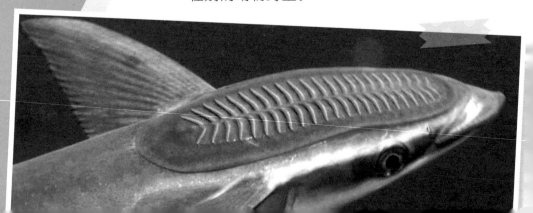

搭乘"免费游船"的"懒"鱼

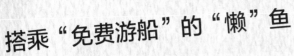

　　鲫鱼的游泳能力很差，但它们却能利用头顶上的吸盘紧紧吸附在游泳本领高强的鲨鱼、鲸、海豚和海龟等海洋动物的身上，搭乘这些"免费游船"，自由自在地穿梭于茫茫无际的大洋中。有时它们还吸附在远洋轮船的底部，从太平洋到印度洋，再辗转到大西洋，轻松周游世界。

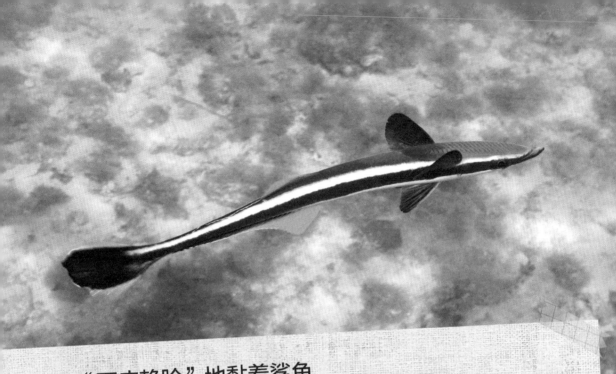

"死皮赖脸"地黏着鲨鱼

　　鲫鱼常常搭乘"免费游船"来到饵料丰富的食场，下"船"进餐后，又换乘其他"游船"继续旅游。它们最喜欢跟鲨鱼在一起，是鲨鱼这条"巨轮"的老乘客。它们的吸盘很牢固，一旦吸住，只要它们不想离开，即使扯断它们的身体，也很难把它们从附着的物体上拉下来。因此，就连号称"海中霸王"的鲨鱼，也对它们无可奈何。在海洋中，身上不附有鲫鱼的鲨鱼是很少的。有时，一条鲨鱼身上吸附着 10 多条鲫鱼，严重妨碍了鲨鱼的快速游动，可又有什么办法呢？鲨鱼只好顺其自然，带着这些爱偷懒的小东西四处漫游。

渔民们的活钓钩

身长不过几十厘米的鲫鱼，怎么会有这么大的吸力呢？原来，鲫鱼一看到大海龟或大鲨鱼路过，就赶紧游上前去，把身体紧紧地贴在它们身上。然后，鲫鱼会立即将皮膜和软骨板竖起来，这样吸盘中的水就被挤出去，吸盘内部就成为一个真空空间。凭借吸盘外部海水的巨大压力，鲫鱼就牢牢地固定在海龟或鲨鱼身上。海边的渔民常常利用鲫鱼的这种特性，把它们当作钓钩来钓取海龟和体形较大的鱼。当发现海龟或大鱼时，渔民便迅速将养在船舱里的鲫鱼放入海中。这些鲫鱼的尾巴上系着一根长长的绳子。下海后，鲫鱼立刻向海龟或大鱼游去，紧紧吸附在海龟或大鱼身上，渔民只要收起绳子就可以捕到海龟或大鱼了。

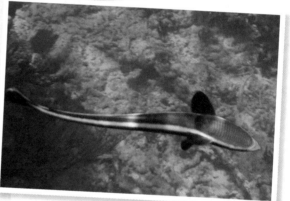

河鲀

大海与江河间的洄游者

气泡鱼、吹吐鱼
Oriental puffer
Takifugu
动物界 / 脊索动物门 / 辐鳍鱼纲 /
鲀形目 / 鲀科 / 东方鲀属

河鲀（此处指东方鲀属的统称）属暖水性海洋底栖鱼类，分布于北太平洋西部，在中国各大海区都有捕获。从科学分类的角度来说，民间所称的"河豚"，实际是河鲀的误写。在中国，东方鲀属有 10 多种，常见的有黄鳍东方鲀、虫纹东方鲀、红鳍东方鲀、暗纹东方鲀等，其中暗纹东方鲀数量最多。

我们常听说的"拼死吃河鲀"，正是因为河鲀的血液、生殖腺和内脏器官等中含有能致人死亡的神经毒素，河鲀毒素的毒性相当于剧毒药品氰化钠的 1250 倍！只需 0.48 毫克这种毒素就能致人死亡！

独特的自卫机制

　　河鲀的身体短而肥厚，体表生有很细的小刺。河鲀皮坚韧而厚实，曾被用来制造头盔。河鲀的上下颌牙齿交融成喙状，仿佛两片尖利的刀片，用来咬碎一些软体动物的外壳和珊瑚。河鲀的体形浑圆，主要依靠胸鳍前进。这样的体形虽然可以灵活旋转，前进速度却不快，是个容易被天敌猎

取的目标。因此，河鲀演化出了异于一般鱼类的自卫机制：河鲀受到威胁时，能够快速地将水或空气吸入极具弹性的胃中，使身体在短时间内膨胀成原本的数倍大小，吓退掠食者。

河鲀的钻沙习性

河鲀经常会腹部朝下，"坐"在海底，左右剧烈晃动身体，拨开海底的沙子，然后用尾部将沙子撒在身体上，将自己埋于沙中，只把眼睛和背鳍露在外面。在这方面，红鳍东方鲀、假睛东方鲀表现得尤为明显。在人工饲养环境下，水泥池中的暗纹东方鲀有时会用尾鳍接触池底，头靠池壁静卧，这也是暗纹东方鲀钻沙习性的一种表现。暗纹东方鲀在越冬时，会在塘底弄出浅坑，每个坑中有 3~5 条河鲀，故有"几个河鲀一个坑"的说法。冬季的早晨，在给人工饲养的河鲀喂食时，可见其体表黏附着一层泥土。

河鲀的洄游习性

　　河鲀一般都有洄游习性，其中溯河洄游的种类在繁殖期会游到河口附近或上溯到河流中，如暗纹东方鲀、弓斑东方鲀等。终生生活于海洋的种类也有向海边短距离生殖洄游的习性。每年冬季，河鲀一般都要向海洋深处进行越冬洄游。室内水泥池中人工饲养的暗纹东方鲀，在白天时会不停地绕池游动，这也是其洄游习性的体现。其实，河鲀的肌肉中并不含毒素。河鲀毒性最大的部分是卵巢、肝脏，其次是肾脏、血液、眼、鳃和皮肤。河鲀毒性的大小与其生殖周期也有关系。春末夏初时怀卵期的河鲀毒性最大。河鲀毒素能使人神经麻痹、呕吐、四肢发冷，进而使心跳和呼吸停止。中国古人很早就对其毒性有所了解。晋人左思《吴都赋》的注解中便记载道："……如蝌蚪，大者尺余，腹下白，背上青黑，有黄纹，性有毒。"沈括在《梦溪笔谈》中说："吴人嗜河豚（鲀）鱼，有遇毒者，往往杀人，可为深戒。"

棱皮龟

游泳闯天下

革龟、舢板龟
Leatherback turtle
Dermochelys coriacea
动物界 / 脊索动物门 / 爬行纲 /
龟鳖目 / 棱皮龟科 / 棱皮龟属

棱皮龟是一种生活在远洋的动物，主要栖息于热带海域的中上层，偶尔也见于温带海洋、近海和港湾地带。棱皮龟最大体长可达 3 米，龟壳可长达 2 米，体重最大为 800 千克。它的头部、四肢和躯体都覆盖着平滑的革质皮肤，背甲的骨质壳由数百片大小不一的多边形小骨板组成，其中最大的骨板形成 7 条规则的纵棱，棱皮龟因此得名。

"游泳健将"

成年棱皮龟的身体背面为暗褐色或灰黑色，点缀着暗黄色或白色的斑，腹面为灰白色。棱皮龟的嘴呈钩状，头特别大，不能缩进甲壳之内；它们的四肢呈桨状，没有爪，前肢的指骨特别长。由于这种动物四肢巨大，并且变成了桨状，可持久而迅速地在海洋中游泳，故它们有"游泳健将"之称。

"超级航海家"

　　被称作"龟王"的棱皮龟以能穿越因海况凶险而闻名世界的海洋——大西洋而著称，由此，人们意识到棱皮龟非常擅长"航海"。英国科学家通过一项研究发现，巨大的雌性棱皮龟能沿接近直线的路线游数千千米，在觅食地和繁殖地之间往返所走的路线几乎是两地间最短的。与之相比，即使最先进的巡洋舰也自愧不如。科学家推测，它们是依靠视觉（通过观察太阳和其他恒星的位置进行判断）和对地球磁场的感觉，在浩瀚无边的海洋里航行的。

　　研究人员利用安装在棱皮龟身上的卫星跟踪装置，对 25 只雌龟进行了追踪，研究它们离开非洲孵化地、横渡大西洋去寻找食物的过程。研究者发现，这些海龟有 3 条迁徙路线，其中一条全长约 7563 千米。通过这条路线迁徙的棱皮龟从加蓬出发，沿一条接近直线的路线横渡大西洋，150 天后到达巴西和乌拉圭南部近海。

独特的身体结构

棱皮龟以鱼、虾、蟹、乌贼、螺、蛤、海星和海藻等为食，此外，还包括可分泌毒素的水母。它们的嘴里没有牙齿，但是食道内壁却有大而锐利的角质皮刺，可以磨碎食物，然后将食物送入胃肠进行消化吸收。棱皮龟虽然属于变温的爬行动物，但从热带到北极地区的棱皮龟都能在水中维持 25 摄氏度的体温。虽然它们的基础代谢率远远低于哺乳动物，但它们的身体表面积与体积之比偏小，这种特性可帮助身体保持足够的热量。如果在温暖的环境下，它们就会增加输送到四肢末端的血液量，从而大大提高散热量。

繁殖方式

　　每年的5—6月是棱皮龟的主要产卵时间，雌龟需要从海洋中爬到海滩上掘穴产卵。产卵通常都在晚上进行。雌龟行动十分谨慎，如果遇到外来的干扰，就会立即返回海中。它们每次产卵90~150枚，在繁殖期间也可以多次产卵。产卵之前，它们首先在沙滩上挖一个坑，产卵之后会用沙覆盖住卵，靠自然温度进行孵化。刚孵化出来的幼龟体长约为6厘米。

　　过去几十年里，由于厄尔尼诺现象造成海洋水温变化，加上渔民非法捕捞、海洋污染和海洋旅游开发的影响，棱皮龟的数量锐减。哥斯达黎加的普拉亚格兰德海滩是棱皮龟在东太平洋的第一大产卵地，也是世界第四大产卵地，20世纪90年代前，每个产卵季都有250~1000只棱皮龟上岸掘穴产卵。但在2006年以后，平均每年只有58只棱皮龟在这里产卵。

大翅鲸

海中歌唱家

座头鲸、驼背鲸
Humpback whale
Megaptera novaeangliae
动物界 / 脊索动物门 / 哺乳纲 /
鲸偶蹄目 / 须鲸科 / 大翅鲸属

大翅鲸身体庞大，体长 13~18 米，体重 25~40 吨。它们上颌宽阔，呼吸孔至吻端沿中央线和上下须两侧有瘤状突起；背鳍较小，位于身体后 2/3 处；两个桨状的鳍肢很长，约为体长的 1/3，前缘具不规则的瘤状突起，呈锯齿状。科学家推测，鳍肢较大的表面积有助于在寒带地区与温带地区之间迁徙时的体温调节。它们尾鳍宽大，外缘亦呈不规则锯齿状。

聪明的气泡网捕猎法

大翅鲸只在夏天捕食，在冬天，它们则依靠体内储存的脂肪生存。大翅鲸捕食时，直接攻击猎物或者用鳍拍打海水而将猎物击晕。它们最独特的捕食技巧称为气泡网捕猎法。一群鲸在鱼群的下方围成一个大圈迅速地游动，利用呼吸孔向上喷气形成气泡网，从而把鱼群逼得更为密集。接着它们突然张开大口向上蹿，吞下数以千计的鱼。参加并利用这种方法捕猎的鲸可达十几头，而气泡网的直径可达 30 米。大翅鲸这种依靠集体的力量掠获食物的方法，或可称为最奇特的海洋哺乳动物的捕猎法。

爱憎分明的大翅鲸

大翅鲸是一种社会性动物，平时性情十分温顺，喜欢成对活动，同伴间常相互触摸来表达感情。它们有很特殊的拍打和跳跃的动作，即用鳍肢或宽薄的尾鳍去拍打同伴，或者向上跃出水面。但遇到危险时，它们则会用鳍肢或尾鳍猛击进犯者，甚至不惜用头部去冲撞，哪怕自己被弄得皮开肉绽、鲜血直流。

家庭与育幼

大翅鲸寻求配偶时，通常是几头雄鲸一起将一头雌鲸包围。这可不是合作，而是雄鲸之间的竞争。竞逐结束后，失败者会自动游离，胜利者会与雌鲸交配。大翅鲸为单配制（即一段时间内仅有一个配偶），雌鲸每两年生育一次，妊娠期约为11个月，每胎产一崽。当雌鲸带着幼崽时，雄鲸总是紧跟其后，它的任务是对入侵的其他鲸或小船进行拦截。像其他哺乳动物一样，雌鲸用乳汁喂养幼崽。幼崽发育很快，体重可以每天增长40~50千克。雌鲸与幼崽之间常常是温情脉脉的，幼崽用两鳍触摸着雌鲸，有时就好像是趴在雌鲸身上。

有语言功能的神秘之歌

　　在鲸类王国中，大翅鲸不仅外貌奇异、行踪神秘，而且智力出众，还能发出悠扬复杂的叫声。它们的"歌声"能传递大量信息，且每头鲸的歌声都是独特的，还会在数年的时间中持续变化，甚至 10 多年间都不会重复。它们的歌声抑扬顿挫，如同优美动听的交响组曲，难怪这种歌声曾被录制为唱片。

大翅鲸是一种极为敏感的动物，过着关系密切的群体生活，其中任何一个个体死亡都会给鲸群造成伤害。

饼干海胆

扁平如饼

沙钱、海钱
Cake urchin
Laganidae
动物界 / 棘皮动物门 / 海胆纲 / 盾形目 / 饼干海胆科

在全世界，现生海胆的种类有900多种（一说800种），如毒刺海胆、石笔海胆、紫海胆、马粪海胆等。海胆的"标准身材"类似带刺的半球。但饼干海胆则扁平如饼，呈现两侧对称的特征。

饼干海胆的"房子"

当饼干海胆在辽阔无边的海底世界漫游时，它们还要时时把自己的住宅——一座石灰质"砖瓦"盖成的"小房子"拖来拖去地带在身边。它们想偷懒不带也不行。遗憾的是，像这样一件精湛的艺术品，却藏在饼干海胆绒毛般的刺中间，如果不注意，很难看出来。

为了"盖房子"，饼干海胆会分泌出体液，体液石化后就成了石灰质的"砖瓦"。饼干海胆从它们还只有豌豆般大时起，就开始建自己的"小房子"了。随着逐渐长大，它们的"小房子"也最终完工——样子就像一块饼干。这座"房子"由大约600块"砖"严丝合缝地拼搭而成。

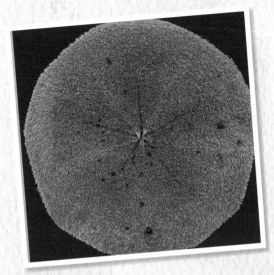

饼干海胆的身体表面布满了棘刺，但与一般的海胆不同的是，这些棘刺都非常细小，看起来就像绒毛一样。这些细绒毛棘刺主要用来挖沙，以使身体潜入沙中。

饶有趣味的繁殖过程

雌饼干海胆在一个生殖期内能排放4亿个卵子（简称卵），而成熟的雄饼干海胆则可释放1000亿个精子。精子正是依靠其庞大的数量在接近卵时提高受精率的。那么，在偌大的海洋中，精卵何以相互识别而不会混淆，"错配鸳鸯"呢？

原来精卵相互识别的关键就在精子和卵胶膜接触后放出的用于相互识别的蛋白质。一旦卵辨识出了精子，精子和卵胶膜的毛状突起物在瞬间就会形成所谓的"桥"。精子就借此"桥"入卵。

当然，不是所有精子都能有幸入卵，哪一个精子能最终成功就要看卵阻滞多精入卵的皮质反应了。所谓皮质反应，主要表现在精子穿过卵的外层膜（卵黄膜）后，促使卵内皮质颗粒放出的物质与卵质膜共同形成一层受精膜，以阻止多余的精子入卵。假若一切顺利，那个入卵的精子会失去尾部，精核旋转180度，并向卵核移动，两核合二而一，从而完成受精。受精卵随后开始了新的历程。

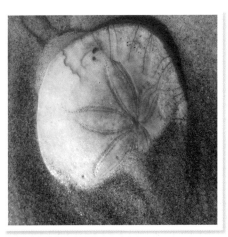

小知识

因为饼干海胆的可食用部分很少，而且身体表面还有坚硬的壳，所以在大自然中很少有掠食者会对它们感兴趣。不过，有一种长着厚唇、外形与鳗鱼相似的大洋鳕鱼有时会享用饼干海胆。

隆头鱼

鱼大夫

船鱼
Wrasse
Labridae
动物界 / 脊索动物门 / 辐鳍
鱼纲 / 鲈形目 / 隆头鱼科

隶属隆头鱼科的隆头鱼，俗称船鱼，是栖息于亚热带和热带地区的一类数量较大、分类较复杂的鱼。它们在鱼类中堪称大小悬殊的一科。

初识隆头鱼

隆头鱼大多体形窄长，背鳍和臀鳍有延长的丝状物。多数隆头鱼用胸鳍围绕着珊瑚礁游泳；当需要快速游泳时，尾鳍进入摆动状态。

隆头鱼的色彩比较鲜艳，也比较复杂，幼鱼与成鱼色彩迥然不同，且雄鱼与雌鱼的色彩也互异。大多数隆头鱼捕食小型的无脊椎动物或鱼类，甲壳动物和软体动物可被其特殊的咽骨齿压碎。它们的牙锐利，口可前伸；捕食时会偷偷地靠近猎物，然后突然伸出口把猎物逮住。

隆头鱼通常不喜欢成群生活，仅在繁殖期才集群。在交配期，有的雄鱼会筑好巢，把雌鱼诱去产卵；有的雌鱼把卵产在岩缝中，然后由雌鱼、雄鱼一起用海藻把卵盖好，由雄鱼保护卵。隆头鱼通常白天在珊瑚礁间遨游，在夜间多数隆头鱼则以特殊的方式睡觉：有的在自己制造的茧袋中睡觉，有的整夜潜入沙里睡觉。

海洋里的"鱼大夫"

人生了病要请大夫诊断治疗，生活在海洋里的鱼儿们生了病怎么办呢？人们在观察鱼类生活时，发现原来它们也有自己的大夫，一些小型隆头鱼，如双带锦鱼的幼鱼和裂唇鱼属的某些种就是不错的"鱼大夫"。它们的医术高超，简直是"口到病除"，疗效显著。纵然是已经看起来不可救药的鱼，只需"鱼大夫"几分钟的治疗，便能充满活力地离去。

有的鱼生了病就游到隆头鱼那里"请求治疗"：身上受感染的组织，隆头鱼给它除掉；寄生物，隆头鱼当食物吃掉；即使病生在嘴里，隆头鱼也会跑到病鱼嘴里工作，而完全不用担心被病鱼吞进肚子里去，相反，病鱼对自己的"大夫"十分爱护，隆头鱼在病鱼嘴里活动时，甚至可以在鱼鳃里钻出钻入。

　　"治疗"时，病鱼总是十分安静，把生病的部位毫无保留地展现在"大夫"面前，最宝贵的鳃盖也打开来。如果病患众多，病鱼还会静静地排队等候"治疗"；如果有的鱼儿捣乱，隆头鱼一气之下也会停止"业务"。这时，多半是病鱼自己整顿秩序，并把"大夫"围起来，请求诊治。

隆头鱼的变性魔法

　　隆头鱼通常由一条雄鱼带领其他不同年龄的雌鱼成群地活动。雌鱼之间等级森严，最年长的为统治者。雄鱼的职责是保卫雌鱼群及其领地。如有外来的雄隆头鱼入侵，它会奋力出击，并且常常胜利而归。

　　一旦这条雄鱼去世，最年长的雌鱼就会变性成为雄鱼，接替已故雄鱼的职位，保卫鱼群。这一性别的改变只需几小时，但在两三个星期内它不能使鱼卵受精。在最年长的雌鱼变性期间，鱼群如受到精力充沛的外来雄隆头鱼入侵，这条变性鱼往往无力抵抗，只好俯首称臣，恢复原来的雌性特征，让入侵者霸占整个领地和所有雌鱼。

水字螺

海中的外星生物

六脚螺、护手螺
Chiragra Spider Conch
Lambis chiragra
动物界 / 软体动物门 /
腹足纲 / 中腹足目 / 凤
凰螺科 / 蜘蛛螺属

水字螺又称六脚螺、护手螺，6 支管状棘使其外形酷似"水"字。它们的壳长度可达 33 厘米，宽 15 厘米左右（包括棘长）。水字螺的外壳一般分为 9 层，壳顶尖细，螺旋部高且呈塔形；体螺层（即最大的一个螺层）膨大，呈拳状；外唇呈白色，壳口呈粉红色。

背着"房子"行走

要说世界上最善于负重爬行的动物，也许螺类可以名列前茅，例如蜘蛛螺属的动物。别看它们个子不大，可总是不辞劳苦地背着达到自己头、足和躯干重量（"重量"为"质量"的俗称）数倍的"大房子"到处旅行。蜘蛛螺之所以有这么大的力气，是因为有一只肌肉发达的足。这只大足占了整个身体很大的比例。因此，它们才有可能在背着沉重的"房子"，也就是外壳时仍然行动自如，毫无倦意。

蜘蛛螺的足长在身体的腹面，所以人们把和它们一样有这类身体结构的动物叫作腹足类。而"房子"是它们保护身体的坚硬堡垒，为石灰质，所以它们又叫作单壳类或螺类。

水字螺的保命绝招

　　大多数螺类都没有什么进攻其他动物的本领，而是靠着各种各样的消极防御手段来避免敌害，其中最常用的方法是"闭门不出"。水字螺遇到敌人或恶劣环境时，会立即把头、足这些软体部分缩到硬壳里去，接着再依靠它们足部后面长着的一个石灰质或角质的"盖子"，将螺口紧紧封住，使敌人无计可施。另外，水字螺的壳上长着又粗又长的硬棘，即使是长着一口好牙的鱼类也无从下嘴。

　　虽然水字螺的足长得窄，但很强壮。它们行动敏捷，不仅能爬行，而且还是跳高能手呢！它们能连续跳动，甚至能越过 10 厘米高的障碍物。

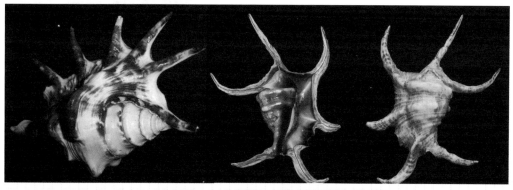

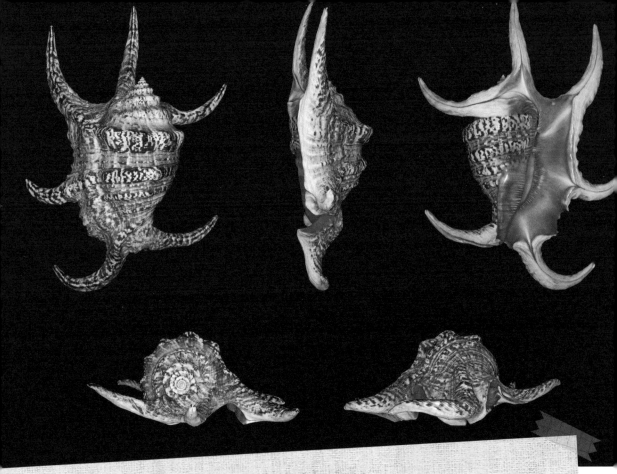

水字螺壳上突起物的作用

　　水字螺生活在低潮线附近至数米深度下的珊瑚间沙质海底，以及有藻类生长的水域，潮水退后常潜入不深的沙中。水字螺在我国西沙群岛为常见种，海南岛虽有但不多见。

　　水字螺是雌雄异体的。雌体较大，壳口内面呈淡玫瑰色，壳柱光滑，肩部最后两个瘤突比其他的大些。雄体的贝壳较小，壳口内面呈玫瑰红色或紫褐色，螺肋上有或大或小的突起，肩部最后两个瘤突小，且不与其他的瘤突连接在一起。水字螺壳上的突起物有长有短，不尽相同。其实，这个突起物的长度和海水的波浪大有关系。

在波高浪大的地方生活的水字螺为了不被冲走，必须将突起物深深地埋在海底。因此，当逐渐形成石灰质表壳时，突起物便会变长。相反，若是水字螺生活的水域风平浪静，没有被冲走的顾虑，突起物也就不需要深埋了。这么一来，突起物当然没有变长的机会。

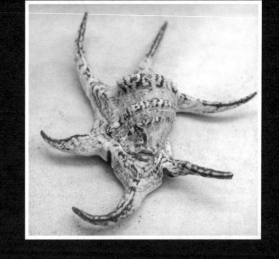

小知识

水字螺最大的特点是双眼非常发达，而且眼柄长有长而尖的触手，可自由伸缩。如果仔细观察，会发现水字螺贝壳外唇前方有一个缺口，那叫"凤凰螺缺刻"，是水字螺观察外界环境变化时右眼伸出的通道。

发形霞水母

狮鬃水母
Lion's mane jellyfish
Cyanea capillata
动物界 / 刺胞动物门 / 钵水母
纲 / 旗口水母目 / 霞水母科 /
霞水母属

体形最大的水母

发形霞水母（曾称北极霞水母）又叫狮鬃水母，是世界上体形最大的水母，因其口的周围有橙黄色的像鬃毛般飘逸的触手而得名。这种水母的伞部直径可达 2 米以上，触手有 8 组，每组约有 150 条，触手长可达 30 米以上。它们全身的颜色会随年龄的增长而发生变化，最终由红色变成粉色。

听力超群的发形霞水母

发形霞水母虽然没有大脑，但并不代表它们没有感官。和其他高级动物一样，发形霞水母也有神经系统，只是结构相对比较简单。它们长长的触手上布满了神经感受器，可以分辨各种气味并帮助自己在水里保持平衡。发形霞水母触手中间的细柄上有一个小球，里面有一粒小小的耳石，这就是发形霞水母的"耳朵"。海浪和空气摩擦产生的次声波会冲击耳石，刺激周围的神经感受器，使发形霞水母在风暴来临之前的十几小时就能够得到信息。

特殊的繁衍技巧

　　发形霞水母生活在海面以下 20~40 米的区域。它们不擅长游泳，一般都是随着洋流慢慢漂荡。但在遭遇敌情时，它们会扩张伞盖里生长的一些特殊肌肉组织，让海水流入身体，而后迅速收缩，把身体内的水排出体外。发形霞水母通过这种喷水推进的方法，一伸一缩，一张一合，向与水流相反的方向运动，躲避敌人的进攻。发形霞水母是雌雄异体，每年的春季到夏末，是发形霞水母的集中繁殖期。大量发形霞水母聚集在一起，向海水里释放数量惊人的精子和卵子。有的精子会自己游进雌发形霞水母的体内与卵子结合，受精卵在母体里发育。发形霞水母寿命达 4 年左右，相对于平均寿命只有几个月的大部分水母来说，算是长寿的了。

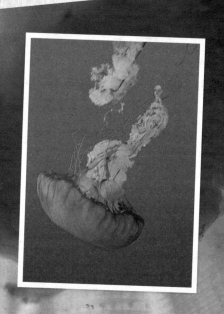

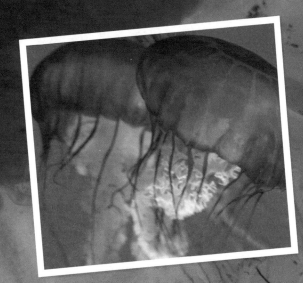

猎食高手

　　发形霞水母长相美丽，性情却很凶猛，属于肉食性动物。在茫茫大海里，发形霞水母拥有一套独特的捕食本领。它们不但颜色多变，而且会在水中发光。当它们在海中游动时，便变成了一个光彩夺目的彩球，光影随波摇曳，非常优美。凭借发光这项本领，发形霞水母可以不费吹灰之力吸引猎物自动献身。在伞部下面，那些细长的触手是发形霞水母的消化器官，也是它们的武器。这些触手上布满了刺细胞，能够射出毒液。当猎物靠近时，发形霞水母的刺细胞会迅速射出毒液，接触到毒液的猎物身体会麻痹。而后，触手就会伸出来将这些猎物紧紧抓住再缩回来。这时，伞部下面的口腕和胃丝会将猎物吸住，并分泌出酶，迅速将猎物体内的蛋白质分解。因为水母没有呼吸系统与循环系统，只有原始的消化器官，所以捕获的猎物会立即在腔肠内被消化吸收。

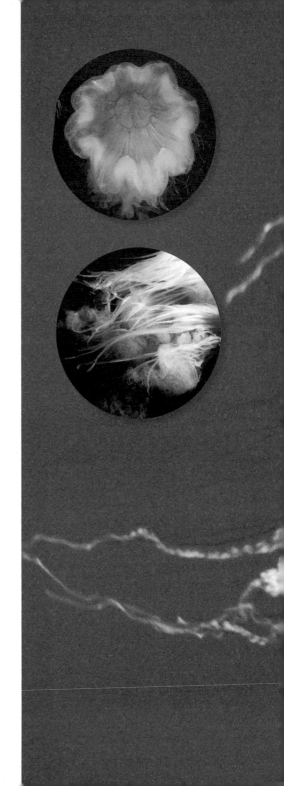

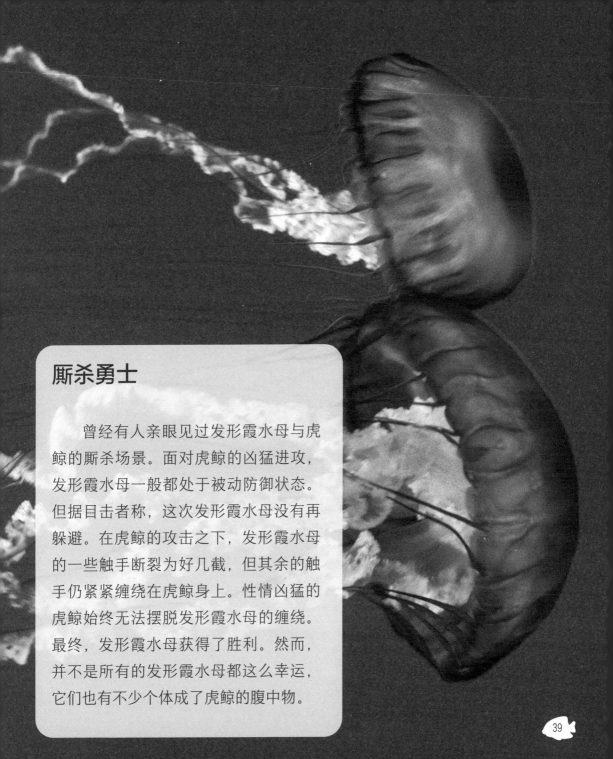

厮杀勇士

　　曾经有人亲眼见过发形霞水母与虎鲸的厮杀场景。面对虎鲸的凶猛进攻，发形霞水母一般都处于被动防御状态。但据目击者称，这次发形霞水母没有再躲避。在虎鲸的攻击之下，发形霞水母的一些触手断裂为好几截，但其余的触手仍紧紧缠绕在虎鲸身上。性情凶猛的虎鲸始终无法摆脱发形霞水母的缠绕。最终，发形霞水母获得了胜利。然而，并不是所有的发形霞水母都这么幸运，它们也有不少个体成了虎鲸的腹中物。

大砗磲

海底磐石

大蚵
Giant clam
Tridacna gigas
动物界 / 软体动物门 / 双壳纲 /
帘蛤目 / 砗磲科 / 砗磲属

大砗磲的贝壳略呈三角形，上面有数条像被车轮碾压过的深沟，壳顶弯曲，壳缘呈波形屈曲。当潮水上涨并将它们淹没时，大砗磲便会张开贝壳，伸出肥厚的外套膜。大砗磲的外套膜极为绚丽多彩，有孔雀蓝、粉红、翠绿、棕红等各种颜色，以及各式各样的花纹。

大砗磲中最大者壳长可达 1.8 米，重约 250 千克。一扇大的大砗磲贝壳，可作婴儿浴盆或者花盆。

"自力更生"的大砗磲

大砗磲和其他双壳类动物一样，是通过流经体内的海水把食物带进来的。但大砗磲的摄食方式却并非仅此一种，它们还能在自己的身体组织里"种植"食物。大砗磲的外套膜边缘有一种水晶体的结构，能散射光线，可使它们喜欢的食物虫黄藻得到大量繁殖。在特殊情况下，"养殖"在体内的虫黄藻可以成为它们的主要补充食物。大砗磲之所以长得如此巨大，就是因为它们可以从两方面获得食物。

共生关系

大砗磲的"自力更生"实际上是由于它们与虫黄藻结成了共生互惠关系。虫黄藻可以借大砗磲外套膜提供的方便条件——如空间、光线和代谢产物中的磷、氮和二氧化碳——充分进行繁殖，大砗磲则可以将虫黄藻作为食物。

大砗磲与潜水员的传说

大砗磲的两扇贝壳产生的闭合力量大得惊人，据说可以轻而易举地将船锚的铁链折断。以前曾有过大砗磲夹住潜水员腿的报道，这种事情实际上是不可能发生的。因为大砗磲的贝壳上长着很多藻类，根本无法完全闭合，而且贝壳闭合的速度很慢，潜水员的腿即使很不幸被夹住了，他也完全有时间将腿抽出。

贝类中的上品

　　大砗磲不仅在大小上是双壳贝类之王，而且是贝类中最长寿者。据估计，长 50 厘米的大砗磲个体需要 12 年时间才能长成，平均每年约增长 4 厘米。它们年幼时生长快，以后逐渐减慢，整个生命周期可达 80~100 年，甚至 100 年以上。

砗磲贝可以说是所有贝类制品中最漂亮的，颜色有白色、牙白色与棕黄色相间两个品种，并且以牙白色与棕黄色相间呈太极形的品种为上品。砗磲在中国古代被视为一种宝物，砗磲之名最早见于东汉时期。由于它极为罕见，不是所有人都能获得，所以在古代中国，人们也曾用白色珊瑚和较厚的贝壳做成圆珠，把它当作砗磲念珠的替代品。

儒艮

水中除草机

南海牛、美人鱼 / 人鱼
Dugong
Dugong dugon
动物界 / 脊索动物门 / 哺乳纲 /
海牛目 / 儒艮科 / 儒艮属

儒艮是由陆生草食动物演化而来的海生动物，在隐蔽条件良好的海草区底部生活，定期浮出水面呼吸。它们的身体呈纺锤形，全身有稀疏的短细体毛，头部较小，鳍肢的下方有一对乳房；背部以深灰色为主，腹部颜色稍淡；身上长着稀稀拉拉的硬刺（实为粗毛）。

美人鱼不美

儒艮在古代常被称为美人鱼，但实际上以人类的审美标准来说，儒艮不仅不美，还很丑陋。之所以被称为美人鱼，是因为它们在生活习性上有和人类相近的地方：幼儒艮都靠吸吮妈妈的乳汁成长。儒艮的身体也确有像女人的地方：它们退化了的前肢——胸鳍，旁边长着一对较为丰满的乳房，其位置与人类的非常接近。当它们偶尔腾跃而起，上半身露出海面时，古代水手在光线不好的时候看到它们，误认为是女人，便对它们有了美人鱼的称呼。

勤劳的摄食者

儒艮不挑食，它们以海藻、海草等多汁的水生植物和含纤维的灯芯草等陆生草类为主食。它们不会使用门牙来咬断海草，而是以其大而向下弯曲的吻来摄食。在它们一路向前用吻部拔起海草后经常留下一条啃食过的痕迹，当退潮时海草床露出水面即可见到这样的痕迹。儒艮是体形较大的海洋生物，成年儒艮个体身长 2~3.3 米，体重 300~500 千克。它们食量惊人，每天每头儒艮要消耗 45 千克以上的水生植物。

儒艮的生活环境

儒艮多在距海岸 20 米左右的海草丛中出没，有时随潮水进入河口，取食后又随退潮回到海中。它们通常居住在水温 20 摄氏度以上的温暖海域。

儒艮行动缓慢，游泳速度一般在每小时 2 海里（1 海里 =1852 米）左右，逃跑时的速度也不过每小时 5 海里。它们一般每 1~2 分钟浮至水面换气一次，但有时会潜水达 8 分钟以上。儒艮上浮时仅将吻部尖端露出水面，下潜时会像海豚一般整个身体垂直旋转一圈。它们一般每天会游动 25 千米左右的距离。

湾鳄

最大的爬行动物

食人鳄、马来鳄
Saltwater crocodile
Crocodylus porosus
动物界／脊索动物门／爬行
纲／鳄目／鳄科／鳄属

湾鳄是鳄鱼中最大型的品种，也是世界上现存体形最大的爬行动物。它们的躯干呈长筒形，背部为橄榄色或棕色，腹部为米白色，尾粗，四肢粗壮，是鳄形目中唯一颈背没有大鳞片的鳄鱼。成年湾鳄体重600~1400千克，体长一般为4~5米，而迄今为止发现的体长最长的湾鳄有10米之长。

水陆捕食专家

湾鳄看似身躯笨重，但行动灵活，在短距离内湾鳄的移动速度甚至能超过任何一匹马。因此，湾鳄在陆上捕食时，总能不动声色地追上猎物。在捕食猎物时，湾鳄能纵跳抓扑，还会用巨大且有力的尾巴猛烈横扫，对猎物大力一击致其昏迷。湾鳄还是天生的游泳健将，凭借流线型的身躯和带蹼的脚掌，湾鳄能在水中快速游动，可以轻易捕获各种猎物。

潜伏猎手

　　湾鳄平时总是静伏于水下，只露出鼻孔用于呼吸；或纹丝不动地埋伏在水边的草丛中、沙滩上等待猎物。湾鳄的眼睛呈外突的卵圆形，且一到夜间，这恐怖的眼睛便会反射出火炬般的红光，阴森恐怖，寒光四射。然而，湾鳄的眼睛有着一种特异功能，那就是即使在水下也能看清水面之上的目标，这有助于它们顺利发现猎物。而且，湾鳄可以在水下潜伏10小时之久，以逸待劳，轻而易举地捕捉水里的猎物。

超强的咬合力

　　湾鳄最可怕的就是它们的牙齿，成年湾鳄有60~68颗牙齿。湾鳄捕食时，凭借这些尖牙利齿，往往能一招制敌，三下五除二就将猎物咬得粉碎。湾鳄的上下颌非常有力，撕咬时上下颌齿列在同一垂直面上交错，能产生超强的咬合力。据测定，湾鳄是世界上咬合力最大的现存生物之一。强劲的咬合力威力无穷，能让湾鳄瞬间就把对手铡为两段，甚至连坚硬无比的海龟硬甲或野牛骨头，它们也能一口咬碎。

"死亡之摆"

　　湾鳄在捕食时，有一个威力无穷的必杀技——"死亡之摆"。湾鳄的双颌强劲有力，牙齿尖锐锋利，能像钳子一样牢牢夹住猎物。它们捕食陆生动物时，总是先咬住猎物，然后用力地将猎物左右甩动，使对方的身体失去平衡，从而将其轻易拖入水中淹死。当它们遇到水生动物时，又通过"夹"着猎物来回摆动并将其狠狠抛上陆地的方式，使其缺氧而死。遇到难以制伏的猎物时，湾鳄还会咬着猎物在石头或树干上来回猛烈摔打，直至猎物疲软死亡。

神奇的预测家

　　湾鳄与恐龙在 2 亿多年前的三叠纪有着共同的祖先，是有名的古老生物。经历了数亿年沧桑巨变存活下来的湾鳄，在对抗各种自然灾害方面颇有些过人之处。据称，它们不仅能提前三五天就预测出地震、火山、暴风雨等自然灾害，还能神奇地预知当年的旱涝趋势，是动物界有名的预测家。"未卜先知"的湾鳄凭借自己的预测能力，能在灾害发生前就尽早逃离危险地带，并把卵产在远离灾害的安全地带。

招潮

神秘穴居者

提琴手蟹
Fiddler crab/Calling crab
Uca
动物界 / 节肢动物门 / 软甲纲 /
十足目 / 沙蟹科 / 招潮属

招潮是招潮属下 95 种（一说 101 种）蟹的总称。它们广泛分布于全球各大洋热带及亚热带的潮间带。虽然不同种的招潮外形各有不同，大小也有差异，大凡是雄蟹都拥有大小悬殊的两只螯，其中大螯的长度可达甲壳直径的 3 倍以上，重量可占总体重的一半。除了个头大、重量大外，这只大螯的颜色也很艳丽，又有特殊花纹作为点缀，极其引人瞩目。雌蟹没有威武的大螯，只有两只大小相同的小螯。由于小螯是取食螯，所以有两只小螯的雌蟹比雄蟹取食更灵活。

穴居生活好处多

招潮都喜欢过穴居生活。这样的好处显而易见——既能避免被各类捕食者袭击，又能防止被太阳晒干，何乐而不为呢？

要过穴居生活，首先得给自己挖一个洞。招潮都是挖洞的好手，它们更喜欢使用小螯那一边的腿来挖洞。它们工作起来一丝不苟，所有挖出来的泥土都会被带到离洞口一段距离处才抛掉。洞穴的深度与当地的地下水水位有关，一直要挖到泥土潮湿处才会停止。也是因为如此，住在近海边的海栖招潮就讨巧了，它们挖掘的洞穴大多只有3~4厘米深；而湖边的招潮所挖掘出的洞穴可深入地下1米以上，这么做最大的好处是有利于它们进入半冬眠状态。每次涨潮前，机灵的招潮都会用一团淤泥堵住自家洞口。

由于招潮只在地面上摄食，生活规律不得不依据潮汐节律而定：涨潮时它们躲在洞中，退潮后它们则到海滩上来活动、觅食、修补洞穴。招潮喜欢扎堆儿，它们出没之处会有很多洞。它们还有点喜新厌旧，每隔几天就要更换住所，有时甚至会因为妄图强占邻居家的"房子"，而发生打架斗殴事件。

光吃泥土也能饱肚

没错，光吃泥土也能饱肚。制造出这一奇迹的，就是招潮。

招潮会用它们的小螯刮取淤泥表面的小颗粒送进口器，也就是它们的"嘴巴"。可别小瞧了这些不起眼的小颗粒，里面含有许多富含营养的碎屑、藻类、细菌及其他的微生物。当然啦，泥球的营养虽好，没有本事吸收也是枉然。招潮的口里有一个特殊器官，能对吃进去的东西进行分类和过滤：富含营养的部分吃进肚子里，没用的残渣再由小螯取出放回地上。也是因为如此，在招潮出没之处常有许多小泥球。它们并不是人们认为的招潮排出来的便便，而是从口里吐出来的食物残渣。这些小泥球的正式名字叫"拟粪"。如果雄蟹因意外失去小螯，它们用大螯也可以照样摄食，这种状况能维持数星期甚至数月，直至一只新的小螯长成为止。

神秘的色彩转变者

　　所有招潮都有一个小秘密，即体色能发生规律性的转变：白天体色较深，晚上体色较浅。关于招潮的体色为何会改变，至今仍没有权威的说法。人们只是猜测，这大概是为了遮挡紫外线或调节体温，就像人类在肌肤上涂抹防晒霜。这种色彩的转变很规律，即使将招潮困在完全黑暗的地方，它们的身体也能按时变色。因此有研究者认为，这种色彩转变与太阳东升西落或潮汐的循环有关。

藤壶

择善地而居的「寄生虫」

马牙
Barnacle
Balanus
动物界 / 节肢动物门 / 颚足纲 /
无柄目 / 藤壶科 / 藤壶属

藤壶泛指藤壶属下的所有动物，是一些喜欢附着在海边礁石上的小家伙。成年后择善地而居的藤壶，是节肢动物中过固着生活的动物之一。它们的适应能力很强，几乎遍布全球所有的海域，常见于潮间带至潮下带的浅水区。

藤壶都包裹着一层坚硬的石灰质外壳，呈灰白色，乍一看很像贝壳。虽然它们常常被误认为是贝类，实际却是甲壳动物。藤壶的数量非常多，总是聚在一起过热闹的群居生活。

一半是"马牙"，一半是"火山"

　　从外形来看，藤壶可分为鹅颈形藤壶和圆锥形藤壶。鹅颈形藤壶通过一条长柄状的"茎"附着在硬物上，因而得名"鹅颈"。"鹅颈"的长度不一，最长可达 15 厘米左右。它们的身体包裹在一层白色的钙质壳板中，壳板开口边缘为橙色，形状有点像马牙。圆锥形藤壶的长柄已经退化，外壳增厚形成"火山"。这座"火山"的结构很精巧，构成"火山壁"的壳板并不是完全固定的，而是一组由背板及盾板所组成的活动壳盖，"火山口"可借由肌肉牵动而开合。

　　不管是鹅颈形藤壶还是圆锥形藤壶，被包裹在壳板内的部分都像一只仰躺的虾，蔓足朝向顶部的开口。所有藤壶的顶部开口处都由活动壳盖全权掌控，这个活动壳盖由许多小壳板构成。当水流经过开口处时，活动壳盖就会打开，羽状触手由此处伸出，滤食水中的浮游生物；退潮后，活动壳盖就会闭合，这不仅能防止体内水分流失，还能防御天敌的侵扰。

坚定的固着者

　　藤壶卵经由 3~4 个月才能孵化，幼体必须经历几周的漂浮后，才能在固定物上定居。结束"漂泊"时，藤壶能分泌一种黏性极强的胶质物，将自身牢牢粘在选定的硬质物体上。这种胶质物含有多种生化成分，具有极强的黏合力，因此即使风浪再大，藤壶也不会从附着物上脱落。

　　只有在蜕皮时，藤壶才会因为抛弃旧壳而不得不离开附着物。对于甲壳动物来说，蜕皮是为了更好地长大，放弃旧壳是成长必须要付出的代价。当然啦，这种离开是很短暂的，因为一旦"换上新装"，藤壶便又会分泌出那种黏性极强的胶质物，将自己固定在原有附着物上。

　　藤壶一旦附着就不再移动，但是不必担心它们因为选错地方而遗恨终生。因为藤壶在选择附着物时并不盲目，而是相当谨慎。它们先利用触须上的刚毛进行感知，通过感应先辈藤壶和与之共栖的藻类所释放出的化学信号，来判断这个地方是否适合居住。之后，它们还会利用尾肢上的感应底质结构，判定该种底质是否适合附着。经过这一系列"考察"，确定这个地方非常适合之后，它们触须上的附着盘才会开始分泌胶质物。

小知识

　　大凡有硬质表面的物体，都可能被藤壶选为附着物。这也意味着，不单岸边的岩礁、码头和船底等会被藤壶附着，甚至鲸、海龟、龙虾、螃蟹等海洋动物的体表也会被藤壶附着。

海星虾

凶悍萌物

夏威夷海星虾
Harlequin shrimp
Hymenocera picta
动物界 / 节肢动物门 / 甲壳纲 /
十足目 / 叶颚虾科 / 叶颚虾属

海星虾是一种小型虾类，体长最大为 7 厘米，一般生活在有海星分布的区域。海星虾的身体以白色为底色，上面布满了鲜艳的斑点。这些斑点的颜色多变，从红葡萄酒色、薰衣草紫色到灰色都有，不管哪种颜色均十分亮丽抢眼。

它们的触角也很有特色：第一对触角扁平且末端扭曲，第二对触角同样扁平化且比其他虾更宽大，有如盾牌。因为海星虾几乎不游泳，所以它们的触角已经成为一种纯粹的装饰品，不再是游泳时的"平衡舵"了。

残忍又聪明的萌猎手

海星虾很有"家庭责任感"，形成配偶关系后会共同居住在礁石小洞中。因此，潜水客所见到的海星虾大多都是成双成对的，很少有单独行动的。通常情况下，做"丈夫"的体形都会比"妻子"的稍小一些。

海星虾的狩猎也是采用"夫妻档"的形式,一旦锁定了目标猎物,两只海星虾就会联手进攻:一只负责剪断海星那柔软的管足(即5条腕的末端);另一只则以拉扯的方式,不断尝试着将海星翻转过来。海星的体形比海星虾大多了,却远远不如它们敢拼敢打,很快就出现了败象。

海星虾具有发达的口器,以及一对几乎与身体同宽的强健大螯,足以与海星一战。当海星不幸被翻转后,就只能是海星虾的盘中餐了。它们的大螯能很轻松地刺破海星的体表组织,并先将它的内脏撕成碎片,再通过口部的垂直裂缝将食物送进肚里。

可持续的食物来源

　　海星虾很挑食，除了海星与少量海胆之外，几乎不吃其他食物。海星虾对海星也颇为挑剔，受到它们青睐的品种主要是长棘海星、珠链单鳃海星和蓝指海星等。海星虾先从海星腕上那些柔软的部分开吃，最后才会对中间的体盘动口。这能最大程度地保持食物的新鲜度。当然，也有从"萌猎手"螯下逃生的幸运儿，只是免不了得付出缺胳膊少眼睛的代价。

　　一些水族爱好者观察发现，海星虾是会进行战备存粮的。它们从不将海星杀死，只是食用其腕部，等腕部吃完了就住口，尽量避免伤到海星身体的核心部位。因为海星具有再生能力，腕部断裂后还能重新长出来。到那时，海星虾又有了新的食物。

威慑敌人的防身术

海星虾几乎不会游泳，行动也比较缓慢，却有8对灵活的足。这些足各有各的分工：后面5对足用来行走，前面3对则演化为抵御敌害的武器和收集食物的工具。即便在静止不动的时候，海星虾仍会不时挥舞那一对演化为桨状的大钳。这么做的好处是能让自己看起来比实际更大些，从而威慑敌人。要是威慑不管用，海星虾还有最后一招：平时进食时会吸收猎物身上的毒素，让自己成为一顿致命的晚餐。反正谁也别想讨了好去！

幽灵蛸

黑暗中生活的深海幽灵

吸血鬼乌贼
Vampire squid
Vampyroteuthis infernalis
动物界／软体动物门／头足纲／八腕总目／幽灵蛸科／幽灵蛸属

幽灵蛸又称吸血鬼乌贼，生活在海洋近千米以下极度缺氧的地方，主要分布在热带和温带海洋。吸血鬼乌贼既不是乌贼，也不是章鱼，而是有着自己独特的分类。它们体长 15 厘米左右，有 8 条腕和 1 对肉鳍，2 只巨大的眼睛像蓝宝石一样晶莹剔透。

神奇的"灯泡"

　　幽灵蛸是一种会发光的生物，身体上覆盖着发光器官，这使它们能随心所欲地把自己点亮和熄灭；当发光器官熄灭时，它们在自己所生存的黑暗环境中就完全不可见。当幽灵蛸感知到来自鲨鱼的危险后，发光也是它们迷惑猎食者的手段。它们利用膜层将自己包裹起来后，头部露出的两个发光器官就发出耀眼的强光，然后逐渐变暗，给鲨鱼制造出一种已经逃远的假象，使自己成功脱离险境。如果鲨鱼还是触碰到了它们的身体，幽灵蛸就会瞬间喷出大量发光的黏液来迷惑对方，然后逃之夭夭。可能就是这些出色的抵御敌害的能力，使幽灵蛸在其他同时期物种已经灭绝的情况下，一直生存到了现在。

小知识

　　深海中的水压极大，足可以把钢质的坦克压扁，那些看起来十分柔弱的生物，如何能够承受得住如此巨大的压强呢？原来，深海生物为适应环境，身体的生理机能已经发生了很大变化。幽灵蛸的肌肉组织特别柔韧，纤维变得出奇细密，并且它们的表皮仅仅是一层非常薄的膜，使体内组织充满水分，这样就能够保持身体内外压强的平衡了。这就是幽灵蛸能够在深海中自如生活而不会被压扁的原因。

乌贼和章鱼共同的祖先

　　幽灵蛸的"手臂"上长着尖牙一样的"钉子"，其中一对"手臂"可以大幅度延展，竟然可以拉长到其原本长度的两倍。幽灵蛸就是利用这对伸缩自如的"手臂"来捕捉猎物的。其实，幽灵蛸既不是乌贼，也不是章鱼，乌贼有10条腕，而幽灵蛸却只有8条，这与章鱼非常一致。但是章鱼的身体上没有那对桨状的鳍，这又是乌贼所特有的器官。所以，科学家推测幽灵蛸可能是乌贼和章鱼在分化成两个不同物种前共同的祖先。

撒网捕食

幽灵蛸有一条细长的白色捕食神经线，长度是身长的数倍。在捕食的时候，幽灵蛸静止在水中，并伸出它的捕食神经线来感应水中的微小波动。当有猎物接近或碰到神经线时，它们便迅速移动，调整角度，然后张开连有薄膜的腕，像网一样向前一罩，就将猎物包住了。幽灵蛸有很强的再生能力，当它们的腕意外折断时，完全能再长出一条新的腕。

幽灵蛸的游泳速度非常快，最快时每秒移动的距离相当于两个自身的长度，而且可以在启动后 5 秒内达到这个速度。如果危险就在眼前，它们能用几个连续的急转弯来摆脱敌人。它们的两只大鳍看起来像两只耳朵一样，可以作为"桨"来划水；当它们在黑暗无光的深海中游动起来时，就像幽灵一样忽隐忽现。

管状海绵

海洋里的烟囱

烟囱海绵
Tubular sponge
动物界 / 多孔动物门 / 钙质海绵纲

生长在浅海的"烟囱"

管状海绵是钙质海绵纲的一类动物，它们生活在水流缓慢的港湾里，常附着在潮下带几米深的岩石或码头上，也常在沿海养殖贝藻的浮架与绳子上出现。它们的特点是管形长，过滤后的水通过端部的大开口流出。

管状海绵的样子很像竖立的烟囱，所以又称为烟囱海绵。它们多为长管状，常略弯曲，顶端有一圆形出水口，口沿无领。

多孔动物门是一个庞大的家族，动物种类达1万种（一说5000种）之多，占所有海洋动物种数的1/20~1/16。有趣的是，同一种海绵因分布在不同的海洋环境中，会出现重大的形态差异，这给那些仅靠外形识别海绵的人带来莫大的麻烦。

奇特的捕食方式——滤食

海绵是一种低等海洋动物，它们不能自己行走，只能附着固定在海底的礁石上，那么它们是怎样捕食的呢？

让我们先看一下管状海绵的结构。单体管状海绵很像一根管子，管壁上布满小孔，这就是管状海绵的入水孔。海水从管壁渗入管腔，然后经由管口流出。同时，管状海绵产生的废物也会随着海水流走。

管状海绵的管内壁上生有无数的领细胞，当海水从管壁渗入时，水中的营养物质，如动植物碎屑、细菌等，便被领细胞捕捉吞噬，同时水中的氧气也被吸收。这就是海绵奇特的捕食方式——滤食。

会节约体能的动物

人们把管状海绵放入静置的水槽中，发现管状海绵会连续不断地把撒在槽底的石墨微粒由入水孔吸入，然后从出水孔排出。原来，管状海绵内壁上那成千上万个领细胞的鞭毛，会由基部向顶端螺旋式波动，从而产生同一方向的力，这就起到类似抽水机的泵吸作用。

然而鞭毛的摆动是要耗能的。对固着生活的管状海绵来说，从食物中获得的化学能来之不易。因此，管状海绵在千百万年的演化过程中，逐渐具备了利用天然流体的动能的本领，从而节约了食物带来的宝贵的化学能。这也是许多管状海绵总是生活在有海流经过的海底的原因。

有人计算过，一个 10 厘米高的管状海绵，每天能抽滤海水 22.5 升，而出水孔处的流速可达每秒 5 米。高速离去的水流，保证了从管状海绵体内排出的废物不会再"回炉"。管状海绵正是有了滤食和节能的本领，才能在缺乏营养的热带珊瑚礁上和极地大陆架区域世代繁衍。

独处一隅的"孤家寡人"

　　人们发现，管状海绵总是形单影只地独处一隅。而且，凡是管状海绵栖居的地方，很少有其他动物前去居住。这是为什么呢？首先，管状海绵对那些贪食的动物没有任何吸引力，它们浑身的骨针和纤维使其他动物难以下咽，因此，管状海绵的天敌不多。

　　其次，管状海绵多栖息在有水流的海底，而很多动物都难以在那样的环境中生活。因为在那里，它们年幼的下一代或被水流冲走，或被管状海绵滤食。另外，管状海绵身上有一股难闻的恶臭，这也是其他动物不愿以之为食的原因。

脑状珊瑚

Brain coral
Faviidae
动物界 / 刺胞动物门 / 珊瑚
虫纲 / 石珊瑚目 / 菊珊瑚科

珊瑚虫的家

脑状珊瑚（简称脑珊瑚）是若干种属珊瑚的统称，其外表呈球状，上面有沟槽，看起来非常像人类的大脑。脑状珊瑚是一个超级生物居住区，是由勤劳的珊瑚虫经过上千年艰苦琐碎的工作才建成的"住宅"。在全世界温暖水域的珊瑚礁（尤其是著名的澳大利亚大堡礁）上都能找到脑状珊瑚的身影，最大的脑状珊瑚的寿命长达200年。

珊瑚虫的秘密生活

　　珊瑚虫是一种生活在温暖浅海里的刺胞动物。它们的身体柔软得如同胶质物，形状像一根管子，顶端有口，口的周围生有细长的触手。珊瑚虫的外表奇形怪状，有的像球，有的像小树，还有的像柱子、平板，甚至鹿角。每当夜晚或涨潮的时候，它们就伸出那花瓣似的触手来捕小鱼、小虾或其他小动物，并且把捕得的食物送到口内，食物就在"管子"中消化。珊瑚虫聚集在海底，每只珊瑚虫都能够分泌石灰质形成外骨骼，恰似保护柔软身体的房子。许多珊瑚虫的"房子"紧紧相连，结成一个共同生活的群体——脑状珊瑚。第一代的珊瑚虫死亡后，石灰质的骨骼就沉积下来，新一代的珊瑚虫又在周围继续成长。一代又一代的海洋动物，都曾把脑状珊瑚当作自己的家。所以，地球上几百万年的历史，在这块栖息地里都能找到踪迹。

大海中高明的"建筑师"

　　为了建造自己的住所，珊瑚虫选择了最经济也最容易得到的建筑材料：它们通过自己的身体，从海水里提取石灰质。一只珊瑚虫每天最多生产 10 克石灰质。这和脑状珊瑚比起来太微不足道了。幸亏珊瑚虫有个好帮手。当珊瑚虫把石灰质从海水里分离出来时，二氧化碳气体也随之产生。而这正是海藻——海水中的植物生长所需要的。海藻吸进珊瑚虫分解出的二氧化碳，吐出珊瑚虫需要的氧气。珊瑚虫和海藻是互惠共生的伙伴，有的海藻干脆就住在珊瑚虫的皮肤上。珊瑚虫先"驻扎"下来，然后开始围绕着自己"砌墙"。通过它们辛勤的劳动，珊瑚的"楼房"越盖越高。可是，粗心的珊瑚虫没有注意到，自己的脚也被砌在盖好的"地下室"里了。没关系，它们还会长出新的脚来。慢慢地，一座新"房子"建好了，这就是我们看到的脑状珊瑚。脑状珊瑚生长缓慢，但是却十分"稳重"。它们紧紧抓住"立足之地"，当风暴把其他脆弱的珊瑚击碎时，它们依然屹立不倒。

"房东"和"房客"的战争

尽管脑状珊瑚"住宅区"的建成,完全归功于珊瑚虫不知疲倦的劳动,但"新居"建成后,住进去的却不只是珊瑚虫,扁形动物、海绵等都为自己争到了一席之地。为了争夺空间,动物之间的流血事件也屡见不鲜。许多动物把这里当作自己的避难所,还有的甚至反客为主,要把住在附近的珊瑚虫赶走。这里既有可吃的食物,又有现成的"房子",它们凭什么不住呢?

除了不讲理的"强盗"以外，还有一些可恶的坏蛋"房客"。它们住进来的目的，只是吃掉"房子的主人"——珊瑚虫。例如海螺，它们就用自己可以伸缩的口器，把珊瑚虫从洞里吸出来吃掉。行为残暴的鹦嘴鱼也是恩将仇报的"强盗"，它们用钳子般的牙齿，把珊瑚虫连同脑状珊瑚夹下来，大吃大嚼一顿。对它们来说，脑状珊瑚当然没有珊瑚虫和海藻好吃，但为了吃到珊瑚虫，它们只好顺便把脑状珊瑚也咽下去了。可怜的海藻总是乐意住在珊瑚虫身上，结果也成了牺牲品。

筐蛇尾

蛇发妖怪

篮海星
Basket starfish
Gorgonocephalus
动物界 / 棘皮动物门 / 蛇尾纲 /
蜍蛇尾目 / 筐蛇尾科 / 筐蛇尾属

筐蛇尾是蛇尾的一个类群，除能做垂直运动外，它们最引人注目的特征是在腕上还有许多分支，且这些分支交叉起来密集得像一个篮筐。它们在水中以捕捉浮游动物（以小甲壳动物为主）为食。当它们聚集进食时，就像一支捕鱼的船队，而它们四下张开的腕足就像渔民们撒下的网。

筐蛇尾的每一条腕分成两条小腕，而这些小腕又分成很多更小的腕足，猛一看就像非常多的蛇盘绕在一起。白天，这些形似古希腊神话中的蛇发女妖的筐蛇尾就像死珊瑚一样；但夜晚来临时，它们舒展开来，就像倒扣着的篮子，伸展着非常多的小腕足去捕捉经过的小动物。

运动能力超强的棘皮动物

筐蛇尾的体盘与腕之间的区分极为明显。它们的腕细长且可弯曲，但又极脆而易断，所以筐蛇尾又名脆海星。和海星不同的是，它们的腕无步带沟，而且腕间有关节，所以既可以做水平移动，也可以做垂直运动，其运动能力可称得上是棘皮动物之最。

筐蛇尾运动时，体盘抬起，两条腕前伸，一条腕拖后，其余的腕则迅速爬动。正因它们能这样蜿蜒蛇行，故又名蛇海星。潜水员常在浪大流急的水下看到它们彼此用腕"手拉着手"极为壮观的行进场面。筐蛇尾不仅种类多，而且个体数量也很大。有人统计，在丹麦的一个沙滩，每平方米聚集着 2600~6000 只筐蛇尾的幼小个体，其成体聚集密度最高可达每平方米 1050 只，而且这个密度持续 20 年稳定不变。

自切和再生

有趣的是，筐蛇尾的腕很容易断，在临危之际，它们会猝然断腕而去。事实上筐蛇尾有很强的自切和再生能力，称之为"脆海星"不无道理。筐蛇尾的自切是御敌的巧妙办法，这是通过断掉部分腕足来换取整体的生存。腕足断掉的部分，不久后就又会再生出来。它们的体盘损伤后，甚至也能够再生出来。值得注意的是，大多数筐蛇尾是有性生殖，但也有些种类可以通过无性生殖进行繁殖。所谓无性生殖方式，就是通过简单的分裂方式（裂体生殖）进行繁殖。筐蛇尾的自切和再生能力与无性生殖的区别是十分模糊的。因为如果一只筐蛇尾的身体中段自行断开，两个断块各自再生出自己缺少的部分，那么，这种自切行为就和分裂身体而进行的无性生殖没有什么差别。

无眼也能"看"东西

　　经过长时间的观察研究，科学家发现筐蛇尾对光比较敏感，它们能够根据光线改变自身的体色：夜晚是灰黑色，白天是深褐色。科学家还发现，就生物体而言，并不是只有眼睛才可以对光线产生反应。比如虽然筐蛇尾没有眼睛，但当它们在珊瑚礁上寻找食物时，能感觉到自己的腕暴露在珊瑚礁外，并能马上把腕藏到阴暗的地方。这种反应仅需要筐蛇尾腕上有感觉神经元。

筐蛇尾为什么能根据光线改变自身的体色呢？经过细致观察，科学家发现筐蛇尾感知光线的秘密"武器"是它们背部的成千上万个突起物。这些突起物是由很多微小的方解石晶体（一种由碳酸钙组成的矿物）组成的，既可充当筐蛇尾的盔甲，又可充当它们的"眼睛"。在突起物上科学家发现了神经束，在突起物周围还发现了色素细胞。当白天太阳光强烈时，这些色素细胞就由突起物的下表面移动到上表面，阻止强烈的光线透过。如此来看，色素细胞就像是筐蛇尾的"太阳镜"。

印太水孔蛸

毯子章鱼
Blanket octopus
Tremoctopus violaceus
动物界 / 软体动物门 / 头足纲 /
八腕目 / 水孔蛸科 / 水孔蛸属

铺在海中的地毯

印太水孔蛸以"毯子章鱼"的名称为人们熟知。雌毯子章鱼呈卵形，长度大约有 50 厘米，如果加上它们的腕则长度可达 2 米多，而雄毯子章鱼大约只有 2.4 厘米长，甚至还没有雌毯子章鱼的眼睛大。至于体重就差得更远了，雌毯子章鱼个体的体重大约相当于雄毯子章鱼个体的 4 万倍。如果打个比方的话，二者之间的差别就像一只麻雀与一架喷气式战斗机的差别。

科学家认为，雄毯子章鱼之所以这么小，是因为这样可以缩短发育时间，尽早达到性成熟，从而增加交配繁殖的机会。而雌毯子章鱼个头很大，这样就可以寻找到更多的雄毯子章鱼，产下更多的卵，从而保证有更多的后代能在海洋中存活下来。

"偷来"的致命武器

　　雄毯子章鱼个头这么小，那它们如何避免被海洋中的其他动物吃掉呢？原来它们有一套"偷来"的自我防御系统。我们知道，大海中有一种有毒的水母叫僧帽水母，它们长着一条条触手，触手上有无数会蜇人的刺细胞，刺细胞里藏着毒液，毒性跟眼镜蛇的毒液一样大！几分钟内它们就能使受害者血压剧降，呼吸困难，全身无力，受害者若不能及时得到治疗便会丧命。

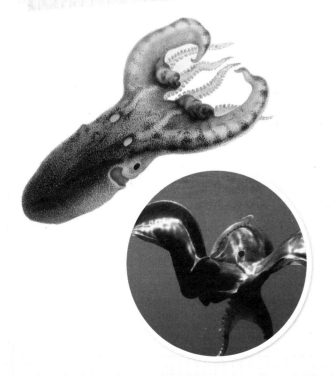

　　僧帽水母如此毒辣，难道谁都制服不了它们吗？不，雄毯子章鱼才不怕它们呢，即使咬几口僧帽水母的触手它们也会安然无恙。而且，毯子章鱼还能把僧帽水母的触手撕下来，作为自己的防御武器，使其他的动物望而却步。另外，毯子章鱼还有一个小绝招，那就是遇到危险时会张开像网一样的膜，使它们看起来很强大，从而吓退敌人。

以捕蟹捉蛤为生

毯子章鱼通常是白天蛰伏不动，夜间出来捕食。它们的活动本领是难以和乌贼、鱿鱼相比的，因而捕食游鱼不是它们的强项，但它们的本领对付全身披着硬壳、在海中迈着方步的蟹，却绰绰有余。

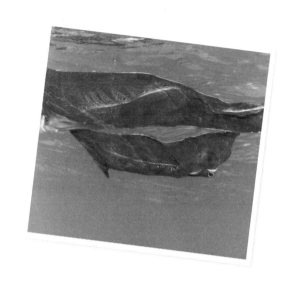

凶猛且体形比毯子章鱼大得多的石蟹，一见到它们就显得惊恐万状，想赶快找个地方躲藏。但毯子章鱼却会毫不犹豫地冲上去，它们先是用腕缠绕对方，接着用腕间膜包住对方的整个身体。尽管蟹使用强劲的大螯进行了种种抵抗和挣扎，但都无济于事。最后，毯子章鱼用它们那尖尖的硬颚撕开蟹的腹部，一点点地把它吃掉。

　　毯子章鱼在捕食穴居的双壳类动物时，更是不费吹灰之力。它们会先伸出细长的腕把洞穴内的双壳类动物掏出来，再用吸盘将它们的双壳掰开，吃掉中间的身体。有人观察过，一只毯子章鱼在一夜间，就狼吞虎咽地吃了7只杂色蛤仔。

绿叶海蛞蝓

迷你能量转换器

绿叶海蜗牛
Leafy sea snail
Elysia chlorotica
动物界 / 软体动物门 / 腹足纲 /
囊舌目 / 海天牛科

　　绿叶海蛞蝓的个头非常迷你，长大以后的"身高"也只有1~3厘米。它们体外没有贝壳。一只绿叶海蛞蝓看上去就像一片叶子，外表呈现翡翠一样的鲜绿色，与藏身处的海藻非常自然地融为一体。

　　绿叶海蛞蝓的身体上长着两片伪足，它们就像翅膀一样，可以将身体拉宽。当"翅膀"折起来时，绿叶海蛞蝓看上去就像只绿色的鼻涕虫——身体细长，头上有两只触角；而当"翅膀"像太阳电池板一样展开时，绿叶海蛞蝓就像变成了一片绿叶，背上的血管就像是叶脉。不仅如此，绿叶海蛞蝓如果长时间不见阳光，它们的体色会由绿变棕，然后发黄，最后死亡。

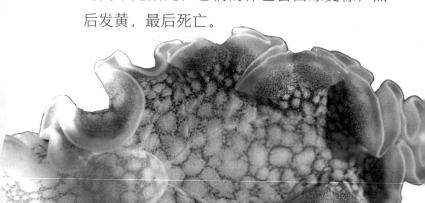

含有叶绿体的动物

　　绿叶海蛞蝓生活在大西洋西岸的海域，如果你想去它们生活的区域一探它们的芳容可不是一件容易的事情，因为它们的颜色和形状都像一片叶子，找到它们需要极大的耐心。在动物界中，它们的这种美丽色泽是很罕见的，这是因为在它们身体内部有很多的叶绿体。不过，绿叶海蛞蝓宝宝的身体并不是绿色的，而是棕色半透明的，身上还有一些红色斑点。在成长过程中，绿叶海蛞蝓宝宝很喜欢吃一种海藻，因此身体的颜色逐渐变绿，且这种颜色会保持终生。不仅如此，绿叶海蛞蝓还有一种特殊的本领：吃完一顿海藻大餐后，在接下来的几个星期甚至几个月中它们都不再吃东西！不过，它们可不是在为缺乏食物的时期储备口粮。其实，这是因为叶绿体在绿叶海蛞蝓机体内能进行光合作用，绿叶海蛞蝓正是利用了这一途径获取营养。

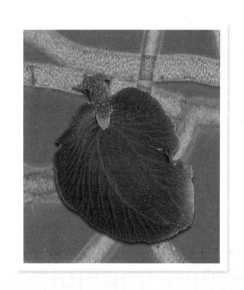

小知识

　　叶绿体是一个能量转换器，它把太阳能转换为化学能，而且转换效率很高。从藻类（除蓝藻等原核生物外）到高等植物的绿色细胞中，普遍存在着叶绿体。

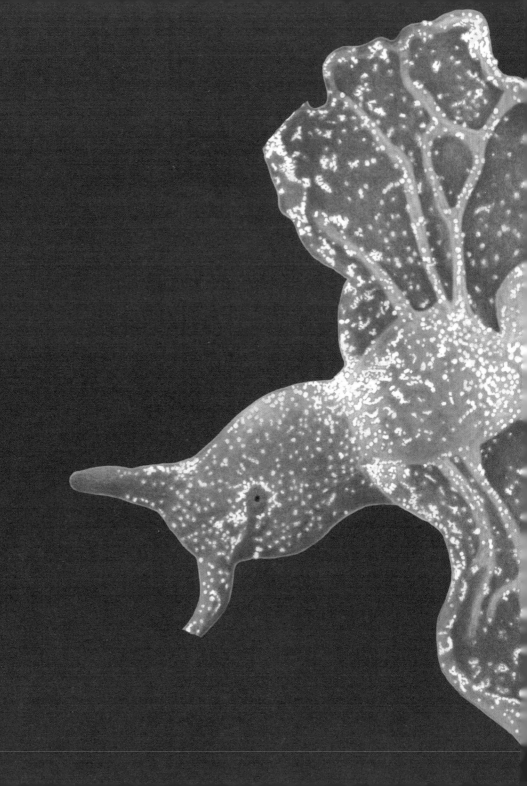

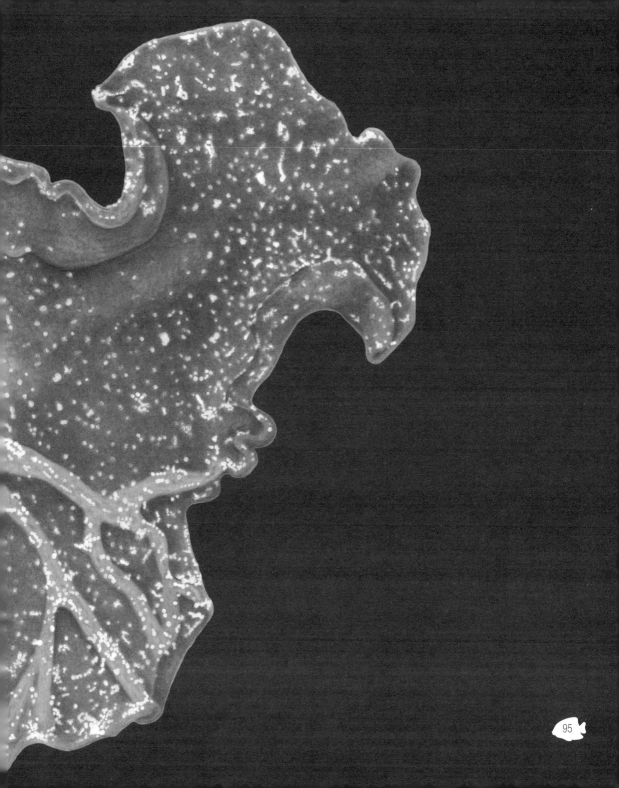

困扰科学家的难题

自从 20 世纪 60 年代绿叶海蛞蝓被发现以来，有一件事情让科学家们始终想不明白。原来，绿色植物细胞内的叶绿体是非常脆弱的，例如我们平时吃蔬菜时，蔬菜的细胞会被我们身体内的各种消化酶分解，这种消化作用使叶绿体无法以任何形式存留。因此，我们可以没有任何顾虑地吃下各种蔬菜，不必担心自己会进行光合作用。

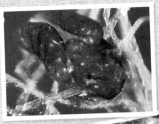

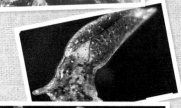

可是，绿叶海蛞蝓体内的叶绿体为什么能够抵御海蛞蝓的消化液呢？虽然这个问题直到今天仍然没有人能说明白，但这至少说明绿叶海蛞蝓具有一种保存并不损害叶绿体的特殊本领。只有这样，叶绿体才能在绿叶海蛞蝓消化吸收的过程中留存下来，不断在体内累积并四处移动，直到它们的表皮之下。这些叶绿体能够采集光线，生成碳水化合物。绿叶海蛞蝓吸收了这些物质，就不用四处觅食啦！它们只需留意体内微型"光合作用工厂"的生产情况，并为工厂提供充足的阳光即可。